U0199764

我 的 博 物 小 课 堂

在夏天
寻找什么?

［英］伊丽莎白·詹纳　著

［英］娜塔莎·杜利　绘

向畅　译

北 京 出 版 集 团

北京美术摄影出版社

狍子

狍子是一种小巧而优雅、长着栗红色夏毛的鹿，主要分布于欧洲、俄罗斯、亚洲中部、蒙古，以及中国的华北和东北等地。图中的狍子是西方狍。

对于狍子来说，夏天是繁殖的季节，也被称为发情期。雄狍为了引起雌狍的注意而相互争斗。获胜的雄狍会追赶雌狍一段时间，直到它准备好交配。

虽然交配发生在夏天，但狍子宝宝要到第二年的晚春才会出生，那时天气会更温暖。然后，它们整天坐在夏天茂密的草丛中，由妈妈照看着。

小狍子出生时就有斑点皮毛，这便于它们在草地上伪装，免受捕食者的攻击。几个月后，当小家伙们长大变强，斑点就会消失，然后长出灰棕色的皮毛，就跟成年狍子一样了。

忙碌的蜜蜂

夏天是蜜蜂忙碌的时节。漫长而温暖的日子为工蜂外出采集花蜜提供了完美的条件。

回到蜂巢，工蜂把它们收集到的花蜜放在蜂窝里。蜂窝由一个个六边形单元组成，主要成分是天然蜂蜡。工蜂吃进蜂蜜后，身体可以分泌出一种叫蜡鳞的物质。工蜂通过咀嚼这些蜡鳞，使它们变成蜂蜡，然后就可以用这些蜂蜡塑造蜂窝了。

当花蜜第一次被添加到蜂窝中时，含有很多水分。随着水分逐渐蒸发，花蜜变得越来越黏稠。为了完成这个过程，蜜蜂会用翅膀不断扇花蜜。当花蜜变得足够浓稠时，蜜蜂用蜂蜡盖住每个蜂窝单元，以安全地储存蜂蜜。当养蜂人在蜂巢中看到一大片封闭的蜂窝时，他们就知道该收获蜂蜜了。

1. 长颊熊蜂
2. 民谣向日葵
3. 帝国珍宝薰衣草
4. 人造蜂箱
5. 瑟诺香忍冬
6. 蜜蜂
7. 蜂窝

水鼠

在运河旁边，水鼠从洞穴里钻出来，啃食着灯心草。这些毛茸茸的小哺乳动物喜欢生活在水道和池塘里，主要吃芦苇和草。如果你在水边看到一小堆嚼过的茎，你就找到了一家水鼠餐厅！

水鼠是半水生的，这意味着它们既生活在陆地上，又生活在水中。它们的洞穴通常有两个入口——一个在地面上，一个在水下——这样它们就可以很容易地逃脱捕食者。

早在几年前，不列颠群岛就几乎没有水鼠了。它们的自然栖息地正在消失，同时也受到了一种新的捕食者——美洲水貂的威胁。自然环境保护主义者们正在利用食物链帮助水鼠，他们通过引进美洲水貂的敌人欧亚水獭，抑制美洲水貂的数量，从而间接优化水鼠的生存环境。

仲夏日

一年中白天最长的一天是 6 月末的夏至，因为这一天，北半球受到太阳直射最多。这时，天气非常暖和，植物、动物和人们都充分享受着这份难得的阳光。

每年的这个时候，锈红蔷薇和接骨木花都会盛开。草原上的植物开始结籽，农民可以开始收获牧草了。他们把草的长秆切断、晾干后制成干草，这些将被用来饲养农场里的动物。漫长的夏夜，燕子从天空中掠过，捕食完最后几只虫子后回到窝里过夜。

世界上许多地方的人们在仲夏日这一天庆祝富裕，并祈望丰收。他们有的会在仲夏夜宴会上点燃篝火，有的会观看日出，以迎接夏至的到来。

采摘草莓

一进入夏天，草莓就开花、结果了，鲜红的草莓开始从叶子底下露出头来。最初的果子又小又绿，在夏日阳光的照耀下慢慢成熟，长成又大又红、长满籽的草莓。这时候就可以摘下来吃啦。

不只人类喜爱草莓，就连兔子们也盯上了这种美味！在农场里，农民为了防止小动物偷吃，只能把草莓种得离地面很高。可是，八哥和其他鸟类还是会飞过来，唉！农民们怎么做都无济于事呀。

采摘季结束以后，草莓会在寒冷天气到来之前，把所有能量化作花蕾，一直留在植株上。然后熬过严寒的冬天，等到第二年夏天时，再一次绽放、开花。

鲭鱼的洄游

鲭鱼身上有闪亮的虎皮纹路，夏季，在西太平洋及大西洋海岸附近很常见。温暖的天气使它们游到浅水附近，以小鱼和浮游生物为食。

鲭鱼的到来受到了渔民和其他海洋生物的热烈欢迎。大西洋鲭鱼是很多生物的食物来源，比如鲨鱼、海豹和海豚，还有一些海鸟，比如潜水塘鹅。

大西洋鲭鱼游速很快，它们在水中的速度可以达到每10秒50米。就像你在图中看到的，这些鲭鱼聚集在一起行动，就是最厉害的猎手。小鱼为了逃命不得不跳出水面，看起来好像大海在沸腾翻滚！

通常，鲭鱼会选在较深的水域过冬，所以秋天时它们会离开原来的水域。它们中的一部分向东北游到挪威寒冷的水域中，春天再回来产卵；而另一部分会向南游到温暖的水域，在那里度过冬天，并在回来之前产卵。

暮色中的蝙蝠

在温暖的夏夜，可以看见蝙蝠掠过夜空。它们每天这个时间出洞是为了抓飞蛾和小蚊虫。一只蝙蝠一晚上可以吃掉约3000只蚊子！

小伏翼和其他蝙蝠一样，它们也在夜间活动——黄昏时分出来觅食，黎明时分回到巢穴，白天时睡大觉。为了在黑暗中发现猎物，蝙蝠发出超声波，当声波被物体反射回来，它们就能够"看见"猎物。这叫作"回声定位"。

蝙蝠的自然栖息地——尤其是树丛和林地，正在因为人类居住地的不断扩张而渐渐消失。蝙蝠不喜欢被打扰，任何干扰它们生活环境的做法都可能会带来严重后果。如今在英国等国家，蝙蝠受到法律的保护。所以，在这些国家，如果发现有蝙蝠在房子旁边栖息或冬眠，打扰、赶走它们是违法的。

1. 褐大耳蝠
2. 黄掌舟蛾
3. 蚊蚋
4. 草蜻蛉
5. 普通伏翼
6. 蜉蝣
7. 蓝目天蛾

海豚

夏天，几乎每个白天都能看到宽吻海豚在海湾游泳、玩耍和捕鱼。

海豚被许多种类的鱼所吸引，例如鲈鱼、鲻鱼、鲭鱼和鲑鱼。海湾提供了各种各样丰富的食物，使这里成为海豚度过夏天并养育后代的理想场所。

宽吻海豚是一种生活在水下的海洋哺乳动物，它们必须浮出水面呼吸。与人类用嘴或鼻子呼吸不同，海豚靠头顶上的喷水孔呼吸。它们浮出水面时吸一口气，然后潜入水下，最长能保持7分钟。

港湾鼠海豚是另一种海洋哺乳动物，同样也生活在海湾。可以通过体形大小和背鳍的形状来区分它们和普通海豚：普通海豚看起来体形更大，有弯曲的背鳍，而港湾鼠海豚比较小，背上长着三角形的小鳍。

夏日乘凉

热浪袭来，这是城市里最炎热的一天。

学校放暑假了，大家都来到户外，享受阳光。人们坐在自己家的花园里或是公园里野餐。住在市区的家庭可能会来到公园游玩、乘凉。小孩子蹚着水嬉戏，而鸽子们忙着吃落在石子路上的面包渣。

当阳光穿过喷泉时，水雾中会升起一道彩虹。这是因为太阳光照射在小水滴上时产生了折射和反射。光在水中的传播速度要比在空气中慢，因此在经过水滴时会发生偏折，结果使得一束光分离成几种不同颜色的光谱，这种现象叫作光的色散。

蚂蚁的"婚飞"

每年夏天——通常是在7月，但没有固定日期——数以百万只蚂蚁一起飞上天空。此时雄蚁和年轻的雌蚁长出翅膀后离开家，飞向天空，去寻找其他蚁群进行交配，这种现象叫作"婚飞"。

大多数蚂蚁都会"婚飞"，但最常见的类型是黑毛蚁，又叫普通黑蚂蚁。雌性蚂蚁被称为蚁后，在飞行中与雄蚁交配。之后它们降落并开始找地方搭建巢穴。如果在"婚飞"后你看到一只大蚂蚁在四处走动，这很可能是一只新的蚁后在找地方筑巢。

蚂蚁的"婚飞"虽然会给人类带来些麻烦，但却造福了鸟类和蝙蝠：飞蚁作为最好的食物，可以让它们大饱口福。

1. 带翼黑毛蚁（俯视图）
2. 蚂蚁卵
3. 黑毛蚁
4. 黑毛蚁的幼虫
5. 带翼黑毛蚁（侧视图）

夏日捕猎

鱼鹰在湖面上盘旋着，正在寻找水里的虹鳟。它们发现猎物后，就会这样盘旋，等待合适的时机捕猎。

鱼鹰折叠着翅膀，像箭一样俯冲向水面。在最后一刻，它的脚向前伸，用强壮的爪子牢牢抓住扭动着的鱼。

鱼鹰属于猛禽，主要以鱼为食。它们有令人难以置信的利爪，特别适合捕捉猎物。鱼鹰的爪子长而锋利，脚趾上还有特殊的鳞片可以帮助它抓牢光滑的鱼。而且每只脚上有一个脚趾还能双向转动——既可以指向前，也可以指向后，这让它的抓力更强大。

另外，鱼鹰的视力也超乎寻常——据说是人类的好几倍。这使它们可以从很远的地方就看到水下游动的鱼，并清楚地判断出其位置和捕猎时机。

家燕安居

7月中旬，无论雨天还是晴日，家燕已做好了应对一切的准备。它们用泥在屋檐下筑巢。屋檐有助于保护鸟巢免遭夏季阵雨和酷热阳光的照射。雄燕和雌燕成双成对地一起筑巢，它们用喙搬运附近小溪、池塘里的泥土和树枝。之后，雌燕会在里面产下四五个白色的蛋。

冬季，家燕离开巢穴，迁徙到温暖的地方，在那里，天气要暖和得多。不过，当它们在第二年夏天返回时，通常会再回到原来的巢穴安家。

"血月"

　　画上这对露营者正抬头望着"血月"。"血月"这一现象是由月食引起的，当地球运行到月亮和太阳之间时，月亮正好处于地球的阴影之中。月食不同于日食。在日食期间，月亮经过地球和太阳之间，挡住了太阳的光线，因此太阳看起来是黑的。相比之下，在月食期间，月亮看起来并不暗，而是变成了红色。所以这种现象被称为"血月"。

　　月亮看起来血红血红的，这是因为太阳光在地球大气层中散射，其中蓝光更容易被地球大气层散射到其他方向，就不会射到月亮上了，而更多的红光经过折射到达了月球，于是月亮看起来就是红色的。

　　月食比日食更罕见，每年最多只会出现 3 次。如果你足够幸运地遇见 1 次，最好在乡村找个远离街灯和房子的黑暗处观看，就像画面上这对露营者一样。

在麦田中

夏末，当麦秆被成熟的麦穗压弯了腰，农民们就开始收麦子了。麻雀也注意到了这一点，纷纷来到田里觅食。很快，农民就会启动联合收割机，切割麦秆、给麦子脱粒，所以麻雀必须抓紧时间，能吃多少吃多少。

漫长的白天和充足的阳光有利于像小麦这样的作物生长。其他植物，如新疆千里光和丝路蓟，也在这种晴朗干燥的条件下茁壮成长，招来很多蝴蝶采蜜。

每年这个时候，都会出现许多不同类型的蝴蝶。无论是进食还是在植物上产卵，温暖的天气都很适合它们。许多蝴蝶很容易被识别出来，因为它们的名字直接反映出它们的样子。试试看，能不能找出普蓝眼灰蝶、红蛱蝶和小玳瑁蝴蝶？

1. 红蛱蝶
2. 小麦
3. 麻雀
4. 丝路蓟
5. 普蓝眼灰蝶
6. 小玳瑁蝴蝶
7. 草地褐蝶
8. 新疆千里光

沙滩与海岸

这是 8 月里温暖的一天，去海滩游玩吧。许多家庭会去海边度过暑假，每天都在沙滩上玩耍。海边的鸟类趁人不注意，肆无忌惮地偷吃着人们带来的炸鱼和薯条。

在海岸上有很多事可做。有些人喜欢放松和阅读，有些人则喜欢在海里游泳或冲浪。孩子们在水边建造沙堡，等待潮水的到来，让海水填满城壕。

海平面随潮汐而起伏，这是由太阳、地球和月球之间的引力所引起的。我们知道，月球绕地球旋转，同时太阳的相对位置也会改变，因此海洋中的水位就会随着发生变化，水先被拉向一个方向，然后又被拽向另一个方向。退潮时，水离海岸很远；涨潮时，水会直接冲到岩石上。

在退潮时，岩石池可能会显露出来，让我们有机会对生活在那里的海洋生物一探究竟。找一找沙色的鱼吧，如冰岛锦鳚或鲇鱼，还有海葵的粉红色触须，以及半透明的小对虾。

1. 等指海葵
2. 小黑背鸥
3. 墨角藻
4. 齿缘墨角藻
5. 食草蟹
6. 冰岛锦鳚
7. 对虾

遍地野花

夏天，低地草甸上盛开着五彩缤纷的花朵。由于土壤潮湿，植物可以在这种野生条件下茁壮成长。找一找成片的黄色草甸毛茛、漂亮的粉色酢浆草，繁星点缀般的金黄色驴蹄草和顶着红色蛋状脑袋的红雷地榆。"洋狗尾草"之所以叫这个名字，是因为上面一簇簇毛实在太像狗尾巴啦！

这些草甸也同时供养着许多不同种类的昆虫，它们依靠花和植物生存并繁衍生息。白尾熊蜂在花丛中嗡嗡叫着，采着花蜜。罕见的蓝色南方豆娘在树叶上沐浴着阳光，蚂蚱在草地里啃着草。

仔细听听雄性蚂蚱的鸣叫声吧。它们用后腿和翅膀摩擦出噪声，以此吸引雌性。雌蚂蚱交配后会在土洞里产卵，卵会在第二年春天孵化。

1. 洋狗尾草
2. 酸模
3. 草甸毛茛
4. 南方豆娘
5. 草地蚂蚱

6. 红雷地榆
7. 酢浆草
8. 驴蹄草
9. 白尾熊蜂

酷暑

随着盛夏来临，炎热的天气开始对花园造成破坏，灼热的阳光和干燥的土壤对许多植物不利。

园丁们不得不花很长时间给植物浇水，以帮助它们渡过难关。然而，这样做并非总能满足需求，因为偶尔停水时，人们无法使用花园的喷水软管和洒水器。

因为浇水不够，草坪被烈日烤得又干又黄。幸运的是，草的生命力很顽强。一旦凉爽而潮湿的秋季到来，它就会恢复并长出新的绿芽。

花园里的麻雀和蓝山雀也在努力对抗酷热。与人类不同的是，鸟类不会出汗，这意味着必须通过其他方式来避免体温升高。它们需要喝干净的水，同时洗澡也很重要，这样就可以降低体温。天太热的时候，要保证花园里小鸟的戏水盆随时装满水，也可以多放几碗水，以帮助它们熬过酷暑。

夏天的暴风雨

炎热的一天即将结束。乌云聚集在天空中，雨点飘落下来。远处忽现一道闪电，然后传来一声响雷，狂风暴雨即将来临。

当气流不稳定时，就会出现雷雨天气。太阳把地面附近的空气晒热后，热气上升，当遇到较冷的空气时，就会凝结成大量不稳定的水滴。

接着，高空中的积雨云开始形成，水滴被带到云中，形成小冰粒。当冰粒相互碰撞时就会带电——一些冰粒带正电荷，另一些冰粒带负电荷。云中带负电荷的冰粒被下方带正电荷的地面所吸引，产生关联并闪光，这就是闪电。当云层内的空气因闪电而受热时，还会发出轰隆隆的雷声。

暴风雨在夏天更常见，因为这个季节的太阳带有更多的能量，为雷雨天气创造了条件。

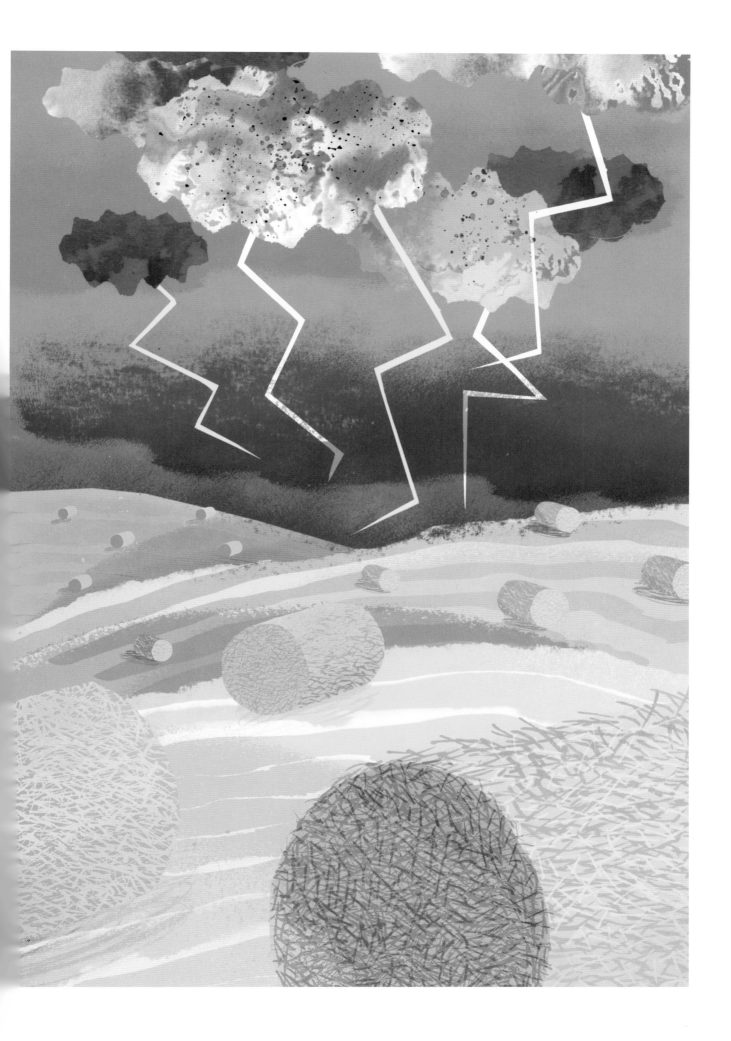

荒原上的蝰蛇

随着夏末的临近，粉色和紫色的帚石楠花开始盛开。这种植物生长在高沼地和荒野中，它们坚韧的木茎密密地长在一起，看起来有点像灌木丛。帚石楠的花期会一直持续到秋天，在寒冷到来之前，为夏虫们提供最后一批花蜜。

帚石楠也为蝰蛇提供了藏身之处。蝰蛇是一种毒蛇，但是人被咬伤的情况并不多见。因为蝰蛇非常胆小，当它们看到人类后会立刻躲进树丛，而不是发起攻击。蝰蛇吃老鼠、蜥蜴和小鸟。当它咬住猎物后，会从尖牙中分泌出毒液，使对方瘫痪，然后整个吞下去。

蝰蛇的外皮由坚硬的鳞片构成，但当蝰蛇长大一些，就从原来的蛇皮里蠕动出来，蜕变成为一条全新的蛇！如果幸运的话，就能发现被它们丢掉的旧蛇皮。图片上的蝰蛇有棕色的鳞片，有些也可能会是灰色和黑色的。蝰蛇背上的黑色图案便于它们在荒原的植物中伪装藏身。

1. 帚石楠
2. 短耳鸮
3. 林姬鼠
4. 红松鸡
5. 蝰蛇

版权声明：

First published in Great Britain in the English language by Penguin Books Ltd.

由京版北美（北京）文化艺术传媒有限公司BPG Artmedia（Beijing）Co., Ltd. Beijing与企鹅兰登（北京）文化发展有限公司Penguin Random House (Beijing) Culture Development Co., Ltd. 合作出版

图书在版编目（CIP）数据

在夏天寻找什么？ /（英）伊丽莎白·詹纳著；
（英）娜塔莎·杜利绘；向畅译. — 北京：北京美术摄
影出版社，2023.1
（我的博物小课堂）
书名原文：What to look for in Summer
ISBN 978-7-5592-0540-7

Ⅰ. ①在… Ⅱ. ①伊… ②娜… ③向… Ⅲ. ①科学知
识—儿童读物 Ⅳ. ①N49

中国版本图书馆CIP数据核字(2022)第154703号

北京市版权局著作权合同登记号：01-2022-4169

责任编辑：罗晓荷
责任印制：彭军芳

我的博物小课堂

在夏天寻找什么？
ZAI XIATIAN XUNZHAO SHENME?

［英］伊丽莎白·詹纳　著

［英］娜塔莎·杜利　绘

向畅　译

出　　版　北 京 出 版 集 团
　　　　　北京美术摄影出版社
地　　址　北京北三环中路6号
邮　　编　100120
网　　址　www.bph.com.cn
总 发 行　北京出版集团
发　　行　京版北美（北京）文化艺术传媒有限公司
经　　销　新华书店
印　　刷　雅迪云印（天津）科技有限公司
版印次　2023年1月第1版第1次印刷
开　　本　889毫米×1194毫米　1/16
印　　张　2.5
字　　数　10千字
书　　号　ISBN 978-7-5592-0540-7
定　　价　68.00元

如有印装质量问题，由本社负责调换
质量监督电话　010-58572393

心中的夏天